跟着太阳走一年

二十四节气与民俗文化

杨会宝　主编

上海教育出版社
SHANGHAI EDUCATIONAL
PUBLISHING HOUSE

一群人，一门课程

我国劳动人民在很早就已意识到人的生存和发展与自然界万事万物是密切相关的，并由此总结出二十四节气这一重要规律。二十四节气，就是我们祖先和大自然对话的一种方式，也是尊重大自然，顺应自然规律的一种行动，更是我们中华民族为人类奉献的智慧，是我们中华民族优秀的传统文化。

在新课程背景下，将生态文明教育渗透到学科课程、拓展课程和活动课程，开展环境教育，使生态文明教育更具有开放性、实践性、体验性、探究性、自主性和序列性；使生态文明教育从关注环保知识到更强调学生在环保方面的体验、感悟，更关注学生养成与环境友善相处的行为。如何让传统文化伴随少年儿童的成长之路？我们尝试开发并编写"跟着太阳走一年——二十四节气与民俗文化"这门校本教材，旨在让小学生在实践体验中，更亲近大自然，了解自然界万事万物的生长变化规律，以及中华民族传统文化中蕴含的智慧和优秀品质。

我们从2012年起，边思考边实践，从全校教师共同参与编写教材，到各学科教学中主动整合节气民俗文化内容，从单一知识讲解到设计开展主题综合实践活动，我们的教师对自己的专业追求有了新的认知，也激发了教师们在自己教育教学上的积极心理和行动。

我们从节气的本质和对人们的生产劳动、健康生活、文化民俗等方面的影响，尤其是从小学生的年龄认知水平出发，编写相关内容，设计相应主题体验活动，开辟校园内"彩虹小农庄"种植观察，参与社区市民文化节活动等，丰富了教材本身的内涵，延伸了学习的课堂。

"跟着太阳走一年——二十四节气与民俗文化"校本课程建设，探索出一系列可行的课程实施模式，为杨浦区"我的创智课堂"课程建设，提供了值得推广的课程建设方案。

《跟着太阳走一年——二十四节气与民俗文化》编委会

目录

CONTENS

春之声

立春/02
雨水/06
惊蛰/10
春分/14
清明/18
谷雨/22

夏之绚

立夏/28
小满/32
芒种/36
夏至/40
小暑/44
大暑/48

秋之韵

立秋/54
处暑/58
白露/62
秋分/66
寒露/70
霜降/74

冬之魅

立冬/80
小雪/84
大雪/88
冬至/92
小寒/96
大寒/100

春之声

　　伴随着迎春花的绽放，从南到北，冰雪消融，万物复苏。而为夺取新丰收，在田野中辛勤劳动的人们，正在用双手创造真正的春天……在这生机勃勃的季节里，有六个代表春的节气：立春、雨水、惊蛰、春分、清明、谷雨，让我们一起走近它们，感受这一份春意盎然。

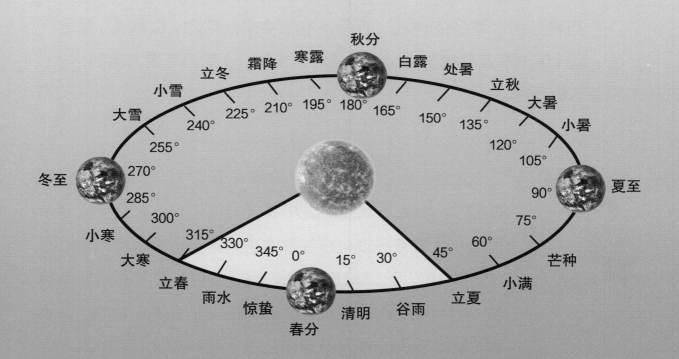

立春

立春

万物经历了寒冬的洗礼，渐渐焕发出生命的活力，树梢头、草地上，嫩绿色的芽儿悄悄萌动。一年之计在于春，让我们走进大自然，寻觅春天的气息。

知识窗

　　立春，是二十四节气中的第一个节气，"立"是"开始"的意思，气温开始上升。从节气意义上讲，人们把立春节气作为春季的开始。在气象学中，春季是指连续 5 天日平均气温 10℃至 22℃的时段。而立春时，天气刚刚开始回暖，对全国大多数地方来说立春仅仅是春季的前奏，并不是气象意义上的春天的到来。由于我国国土辽阔，南北气候在立春时节是有差异的。

今年的立春是（　　）月（　　）日。

古人观察到立春的"三候"：

东风解冻：东风送暖，大地开始解冻。

蛰虫始振：蛰居的虫类慢慢在洞中苏醒。

鱼陟（zhì）负冰：河里的冰开始融化，鱼开始到水面上游动，此时水面上还有没完全溶解的碎冰片，如同被鱼负着一般浮在水面。

去校园里、公园里、小区里，选一个观测对象，说一说立春时节它发生了什么变化，寻找春的气息。

我观察到：＿＿＿＿＿＿＿＿＿＿＿＿＿＿＿＿＿＿＿＿＿

＿＿＿＿＿＿＿＿＿＿＿＿＿＿＿＿＿＿＿＿＿＿＿＿＿＿

发生变化的地方：＿＿＿＿＿＿＿＿＿＿＿＿＿＿＿＿＿

＿＿＿＿＿＿＿＿＿＿＿＿＿＿＿＿＿＿＿＿＿＿＿＿＿＿

"一年之计在于春"，立春是我国民间重要的传统节日之一，有很多民俗活动。

鞭春 俗称"打春牛"。在立春这天，民间会用柳条抽打牛背，让牛在春耕时更加卖力。"鞭春"象征着鞭策积极上进。

咬春 立春日吃春饼称为"咬春"，有迎春之意。北方用萝卜、豆芽、荠菜等馅做成春饼，南方多吃春卷。

春卷

贴春花 立春这一天，我国有家家户户在门上张贴迎春字画的习俗，表示迎春的心愿。

除了上面这些民俗，你还知道哪些立春时节有趣的活动？在班级内交流一下。

节日会

立春前后，人们会迎来春节，人们把春节定于农历正月初一，但一般至少要到正月十五（元宵节，又叫上元节）新年才算结束。春节是中华民族最隆重的传统佳节，汉族和一些少数民族都要举行各种庆祝活动。这些活动均以祭祀祖先、除旧布新、迎禧接福、祈求丰年为主要内容，形式丰富多彩，带有浓郁的各民族特色。

过春节时，你们家有什么特色活动和习俗，和同学们分享交流一下吧！

剪纸是迎春庆祝的一种艺术表达形式，在我国已有上千年的历史。2009年，中国剪纸艺术入选联合国教科文组织"人类非物质文化遗产代表作名录"。剪纸大致可以分为单色剪纸、彩色剪纸、立体剪纸三大类。中国地域辽阔，各地发展出了形式多样的剪纸样式和技法，都表达了人们对美满幸福生活的渴求。

实践角

让我们一起尝试剪出美丽的春花吧！

单色剪纸

彩色剪纸

立体剪纸

1. 准备好一张正方形的纸、一把剪刀、一支铅笔。

2. 将正方形纸对折一次,再对折一次。

3. 两边分别朝中心棱对折一次。

4. 在一面上画上类似花瓣的形状,较为均匀地布满。

5. 用剪刀剪下画的形状。

6. 小心展开,美丽的窗花就剪好了。

诗词韵

元　日

（宋）王安石

爆竹声中一岁除,春风送暖入屠苏。

千门万户曈曈日,总把新桃换旧符。

雨水

　　春雨贵如油，越冬的农作物贪婪地吮吸着潇潇细雨，欣欣然伸展开枝叶。让我们伴着雨声，聆听早春的华美乐章吧！

知识窗

　　立春之后就是雨水，雨水和谷雨、小雪、大雪一样，都是反映降水现象的节气。此时太阳到达黄经330°，气温逐渐升高回暖。雨水表示降雪减少，降水增多。雨水过后，中国大部分地区气温回升到0℃以上，黄淮平原日平均气温已达3℃左右，江南平均气温在5℃上下，华南气温在10℃以上，而华北地区平均气温仍在0℃以下，我国部分地区进入了气象意义上的春天。

　　　　　　今年的雨水是（　　）月（　　）日。

让我们一起到室外，观察一下这个时期植物的情况。请把它们的变化记录下来，并和立春节气时的情况比较，说一说有什么不同的发现。

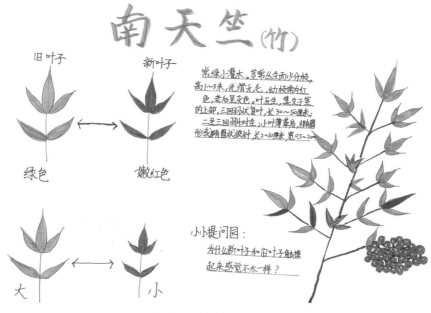

作者：三（4）班　王小萌

收集雨水节气前后天气预报信息（包括气温、天气状况等），填入下表。

日期	2月15日	2月16日	2月17日	2月18日	2月19日	2月20日	2月21日	2月22日	2月23日
天气状况									
最高气温									
最低气温									
风向和风力									

 健康帖

雨水前后，气温乍暖还寒，有时还会"倒春寒"，会因降雨引起气温骤然下降。所以人们有"春捂"的说法，就是不要过早卸掉冬天保暖的衣物，要根据气温变化逐渐减少衣物。

这个时节气温逐渐升高，春风送暖，致病的细菌、病毒易随风传播，所以春季常易暴发流行性感冒。我们要经常锻炼身体，增强免疫力，预防疾病的发生。

元 宵 节

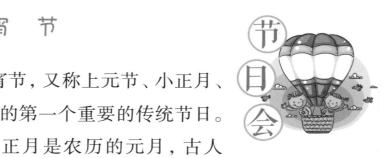 节日会

雨水节气前后会有元宵节，又称上元节、小正月、灯节、火把节，是春节之后的第一个重要的传统节日。

元宵彩灯

正月是农历的元月，古人称夜为"宵"，所以把一年中第一个月圆之夜正月十五称为元宵节。元宵节有出门赏月、燃灯放焰、猜灯谜、吃元宵等民俗活动。关于元宵节的来源，有一种说法是源于农民在正月十五这一天点燃火把，行走在田野中驱赶虫兽，祈祷获得好收成。直到今天，中国西南一些地区还保留着正月十五用芦柴或树枝做成火把，成群结队高举火把在田头或晒谷场跳舞的习俗。

欢乐谷

元宵节，中国民间有"观灯猜谜"的习俗。每逢元宵节，就将写好谜语的字条贴在彩灯上，供游人猜。这一活动深受大家欢迎，纷纷开动脑筋猜灯谜。你知道下面灯谜的谜底吗？

半部春秋。（打一字）

一路平安。（打一地名）

像猫不是猫，身穿花皮袄。

山中称霸王，寅年它当家。（打一动物名）

诗词韵

春 夜 喜 雨

（唐）杜甫

好雨知时节，

当春乃发生。

随风潜入夜，

润物细无声。

野径云俱黑，

江船火独明。

晓看红湿处，

花重锦官城。

惊蛰

惊蛰时节，气温继续回升，春雷一响，惊动万物。梨树、桃树、李树就快要开花了，万紫千红总是春，让我们慢慢欣赏宜人的春色吧！

知识窗

寒冷的冬季，动物蛰伏在洞穴中冬眠，古人认为此时天上的春雷惊醒了冬眠蛰居的动物，所以称为"惊蛰"。此时太阳到达黄经345°，中国大部分地区天气转暖，进入春耕季节。

扫一扫，了解更多

今年的惊蛰是（　　）月（　　）日。

大部分地区惊蛰节气平均气温一般为 12℃至 14℃，较雨水节气升高 3℃以上，是全年气温回升最快的节气。日照时数也有比较明显的增加。但是因为冷暖空气交替，天气不稳定，气温波动甚大。惊蛰雷鸣最引人注意。从我国各地自然物候进程看，由于南北跨度大，春雷始鸣的时间迟早不一。云南南部在 1 月底前后即可闻雷，而北京的初雷日却在 4 月下旬。"惊蛰始雷"的说法仅与沿长江流域的气候规律相吻合。

惊蛰时的校园里有没有新的变化？选取你发现的新事物，为它做一份自然笔记吧！

民俗园

"春雷惊百虫",温暖的气候条件促使家中、农田里的各种虫类开始活动,产生病害。因此,在惊蛰时节各地有驱除虫害的各种活动。

惊蛰吃梨 苏北和山西一带流传有"惊蛰吃了梨,一年都精神"的民谚,惊蛰吃梨的民俗来源有几种说法,一是惊蛰时节天气还比较干燥,吃梨能生津润喉;二是"梨"谐音"离",惊蛰吃梨可以让虫害远离庄稼,有个好收成;三是山西人民走西口,离家前要吃梨,多有"梨(离)家创业"之意,再后来演化成惊蛰日吃梨,"努梨(力)荣祖"。

祭白虎 古人以白虎为兽中之王,能够驱邪、驱百害。在广东,有惊蛰拜祭白虎的民俗。白虎是用纸绘制的,一般为黄色黑斑纹,口角画有一对獠牙。

祭雷神 古人缺乏对大自然的完全理解,认为"雷"是由雷神、雷公、雷祖等主宰。因此惊蛰时节必定要祭雷神,人们摆上供品,焚香烧纸祭祀雷公,以祈本年人畜平安、雨水充足。

龙 抬 头 节

节日会

惊蛰前后有龙抬头节,在农历二月初二,又称春龙节、春花节,是民间传统节日之一。二月初正是春回大地,农事开始的时候,此时百虫惊醒,活动频繁。俗话说,"二月二,龙抬头,蝎子、蜈蚣都露头"。所以这天,人们都要到龙神庙或水畔焚香上供,祭祀龙神,祈求龙神兴云化雨,保佑一年五谷丰登。另外还有扶龙头、引青龙、剃龙头的习俗。

扶龙头

诗词韵

观 田 家

（唐）韦应物

微雨众卉新，一雷惊蛰始。

田家几日闲，耕种从此起。

丁壮俱在野，场圃亦就理。

归来景常晏，饮犊西涧水。

饥劬不自苦，膏泽且为喜。

仓廪无宿储，徭役犹未已。

方惭不耕者，禄食出闾里。

谚语楼

春雷一响，惊动万物。

二月打雷麦成堆。

惊蛰春雷响，农夫闲转忙。

到了惊蛰节，耕地不能歇。

未过惊蛰先打雷，四十九天云不开。

13

"春分雨脚落声微，柳岸斜风带客归。"春分到了，春风和煦，春雨绵绵，张开双臂迎接这花红柳绿的春色吧！

春分这一天太阳直射地球赤道，南北半球季节相反，北半球是春分，在南半球来说就是秋分，全球各地几乎昼夜等长。

除了全年皆冬的高寒山区和北纬 45° 以北的地区外，中国大部分地区日平均气温均稳定升达 0℃以上，进入明媚的春天。从气候规律说，这时江南的降水迅速增多，进入春季"桃花汛"期；在"春雨贵如油"的东北、华北和西北广大地区降水依然很少。

今年的春分是（　）月（　）日。

"春分麦起身，一刻值千金""二月惊蛰又春分，种树施肥耕地深"。春分时节，各地气温继续回升，越冬作物进入生长的时期，小麦拔节、油菜花香，春管、春耕、春种即将进入繁忙阶段。有机会可以到田野里观察一下农作物的生长情况以及农民伯伯的农事劳动，你观察到了什么？

我看到田野里生长着：_____

这些农作物的生长情况：_____

农民伯伯在农田里：_____

春分是播种的好时期，让我们在校园、家里也尝试播种蔬菜吧！

实践角

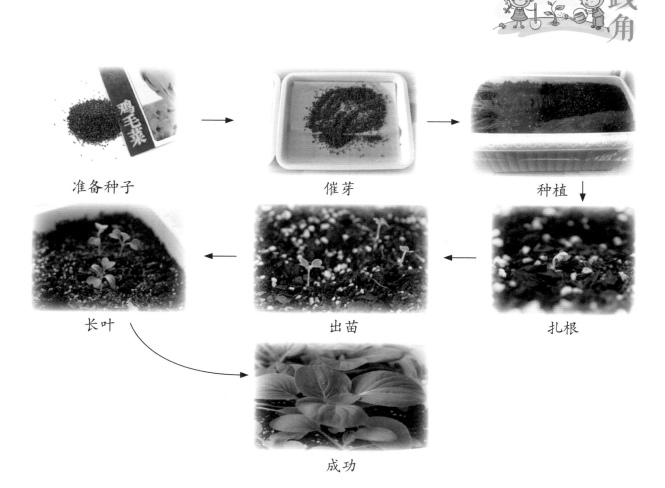

准备种子 → 催芽 → 种植 ↓

长叶 ← 出苗 ← 扎根

成功

民俗园

春 分 竖 蛋

在每年春分这一天，各地民间流行"竖蛋游戏"。4000多年前，华夏先民就开始以此庆贺春天的来临，"春分到，蛋儿俏"的说法流传至今。这个中国习俗也早已传到国外，成为"世界游戏"。

春分竖蛋

春分竖蛋是有一定科学道理的。春分是南北半球昼夜均等的日子，呈66.5°倾斜的地球地轴与地球绕太阳公转的轨道平面刚好处于一种力的相对平衡状态，有利于竖蛋。

扫一扫，了解更多

放 风 筝

"儿童散学归来早，忙趁东风放纸鸢。"纸鸢就是指风筝，放风筝是民间传统游戏。春分期间是放风筝的好时候，大人和小孩都乐在其中。我国的风筝已有2000多年的历史，传统的风筝上都有代表吉祥寓意的设计和装饰。人们运用人物、走兽、花鸟、器物等形象和一些吉祥文字来设计风筝，表达对美好生活的憧憬。

风筝

要使风筝高飞，是需要一定的放飞技巧的。和身边的同伴讨论一下你放风筝的经验，然后写下来。

天气条件：＿＿＿＿＿＿＿＿＿＿＿＿＿＿＿＿＿＿

放飞方法：＿＿＿＿＿＿＿＿＿＿＿＿＿＿＿＿＿＿

防止风筝掉落的措施：＿＿＿＿＿＿＿＿＿＿＿＿

＿＿＿＿＿＿＿＿＿＿＿＿＿＿＿＿＿＿＿＿＿＿＿＿

癸丑春分后雪

（宋）苏轼

雪入春分省见稀，

半开桃李不胜威。

应惭落地梅花识，

却作漫天柳絮飞。

不分东君专节物，

故将新巧发阴机。

从今造物尤难料，

更暖须留御腊衣。

诗词韵

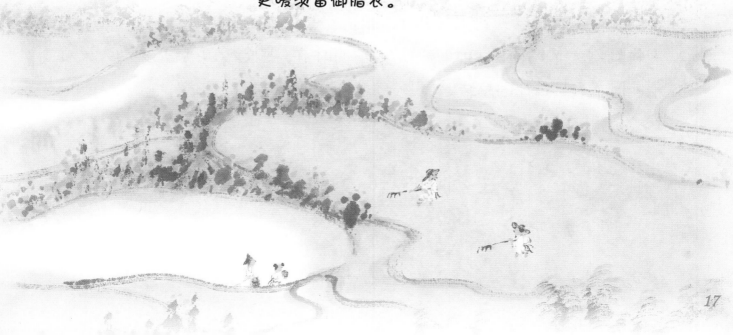

清明

清明

气温变暖，降雨增多，万物洁齐而清明，一派生机勃勃，正是郊游赏春的大好时节。

知识窗

清明天气晴朗，草木茂盛，"清明"一词反映了物候的特征。到了清明，气温变暖，降雨增多，正是春耕春种的大好时节，所以清明对于古代农业生产而言是一个重要的节气。我国除东北与西北地区外，大部分地区的日平均气温已升到 12℃ 以上，很适宜农作物生长，到处是一片繁忙的春耕景象。"清明前后，种瓜种豆""清明时节，麦长三节"就是劳动人民对清明时节农事规律的总结。

今年的清明是（　　）月（　　）日。

相传春秋时期，晋公子重耳为逃避迫害而流亡国外，流亡途中又累又饿，无力前行。随臣找了半天也找不到一点吃的，正在大家万分焦急的时候，随臣介子推走到僻静处，从自己的大腿上割下了一块肉，煮了一碗肉汤让公子喝下。重耳渐渐恢复了精神，当他发现肉是介子推从自己腿上割下的时候，感激涕零。

19年后，重耳做了国君，也就是历史上有名的晋文公。晋文公重赏了当初随他流亡的功臣，唯独忘了介子推。很多人为介子推鸣不平，劝他面君讨赏，然而介子推最鄙视那些争功讨赏的人，就隐居绵山，成了一名不食君禄的隐士。

晋文公听说后，羞愧莫及，亲自带人去请介子推。可是绵山山高路险，树木茂密，无法找到介子推。有人献计，从三面火烧绵山，逼出介子推。大火烧遍绵山三日才灭，介子推终究没有

绵山

出来。后来人们在一棵枯柳树下发现介子推和他老母亲的尸骨。晋文公悲痛万分。装殓时，人们从树洞里发现一血书，上写道："割肉奉君尽丹心，但愿主公常清明。"为纪念介子推，晋文公下令将这一天定为寒食节。

第二年晋文公率众臣登山祭奠，发现枯柳树死而复活，便赐老柳树为"清明柳"，并晓谕天下，把寒食节的后一天定为清明节。

民俗园

清明时节有扫墓、踏青、插柳植树等习俗。

清明是中国人扫墓祭祖的日子，在这段时间，人们主要祭祀祖先和去世的亲人，表达祭祀者的孝道和对死者的思念之情。

踏青又叫春游，古时叫探春、寻春等。四月清明，春回大地，自然界到处呈现一派生机勃勃的景象，正是郊游的大好时光。

古人有春日戴柳、插柳，临别赠柳的习俗，清明时节正适合插柳植树。

扫一扫，了解更多

清明节是非常重要的节日，各地都有传统的美食。下面的清明特色美食你吃过吗？你知道它们的制作方法吗？

馓子

青团

子推馍

诗词韵

清　明

（唐）杜牧

清明时节雨纷纷，

路上行人欲断魂。

借问酒家何处有？

牧童遥指杏花村。

清明即事

（唐）孟浩然

帝里重清明，人心自愁思。

车声上路合，柳色东城翠。

花落草齐生，莺飞蝶双戏。

空堂坐相忆，酌茗聊代醉。

谷雨

进入谷雨时节，已是暮春，气温升高，柳絮飞扬，一场雨滋润了初生秧苗，万物欣欣向荣。

 知识窗

谷雨是"雨生百谷"的意思，在这个节气里，田地里的谷物秧苗初生，最需要雨水的滋润，"春雨贵如油"，这时候如果雨量充足，谷类作物就能苗壮成长。

谷雨时节，我国大部分地区进入了春种春播的关键时期。"谷雨前，好种棉"，在黄淮平原上，棉农在忙着种棉花；江南的人们在忙着插秧、种红薯，还要采谷雨茶；而在东北水稻产区，却要根据温度变化做好育秧大棚保暖工作。

今年的谷雨是（　　）月（　　）日。

民俗园

谷雨是重要的农令节日，民间流传着很多风俗。

祭海　谷雨时节海水回暖，很多鱼游到浅海地带，因此渔民们趁此时机下海捕鱼。俗话说："骑着谷雨上网场。"谷雨这天，渔民们要举行海祭，祈求海神保佑出海平安，满载而归。祭祀时刻一到，渔民便抬着供品到海神庙或娘娘庙前摆供祭祀，有的则将供品抬至海边，敲锣打鼓，燃放鞭炮，场面十分隆重。因此，谷雨节也叫作渔民出海捕鱼的"壮行节"。

赏牡丹花　谷雨前后也是牡丹花开放的时候，牡丹花也被称为"谷雨花"。"谷雨三朝看牡丹"，赏牡丹成为人们重要的休闲娱乐活动。山东、河南、四川等地现在还在谷雨时节举行牡丹花会，供人们游乐聚会。

牡丹花

喝谷雨茶、食香椿　民间传说喝了谷雨这天的茶可以清火、辟邪、明目等，所以南方有在谷雨这天采摘新茶来饮

香椿

用的习俗，祈求健康。春季温度适中，雨量充沛，加上茶树经冬季的休养生息，此时芽叶肥硕，色泽翠绿，富含多种维生素和氨基酸，自然香醇可口，受到茶客们的喜爱。

北方则有谷雨食香椿的习俗。香椿被称为"树上蔬菜"，是香椿树的嫩芽。它不仅营养丰富，且具有较高的药用价值。谷雨时节的香椿醇香爽口，有"雨前香椿嫩如丝"之说。

实践角

谷雨时节，桑树枝繁叶茂，为蚕宝宝的生长发育提供了最好的食物。别小看这小小的蚕宝宝，它们不仅为人们谋生提供了一条重要的途径，而且曾在中国古代的丝绸之路上，织就了一条通往世界的七彩之路。

养几条蚕宝宝，可以用自然笔记的方式记录它们的成长过程。

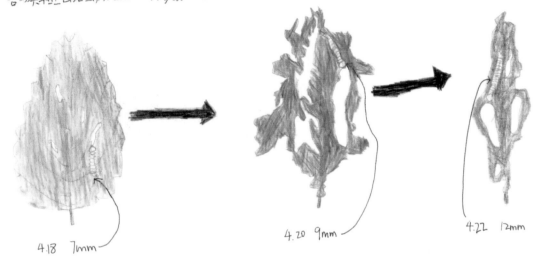

作者：应嘉荣

谷雨时节杨柳飞絮，百花盛开，过敏体质的人外出时，要预防花粉过敏，预防过敏性鼻炎、过敏性哮喘等症的发生，外出时需要戴上口罩、眼镜、纱巾等防护用品。

健康帖

诗词韵

牡　丹　图

（明）唐寅

谷雨花枝号鼠姑，

戏拈彤管画成图。

平康脂粉知多少，

可有相同颜色无。

谚语楼

清明断雪，谷雨断霜。

谷雨有雨棉花费。

谷雨三朝看牡丹。

谷雨是旺汛，一刻值千金。

谷雨栽上红薯秧，一棵能收一大筐。

夏之绚

　　蝉儿笑，蒲扇摇，炎热的夏天来到了。沁凉的冰棍儿，碧绿的水塘，无忧无虑的假期……夏天带给我们许多许多的快乐。在火热的阳光下，立夏、小满、芒种、夏至、小暑、大暑六个节气来到了我们身边，和我们共度这美好的夏天……

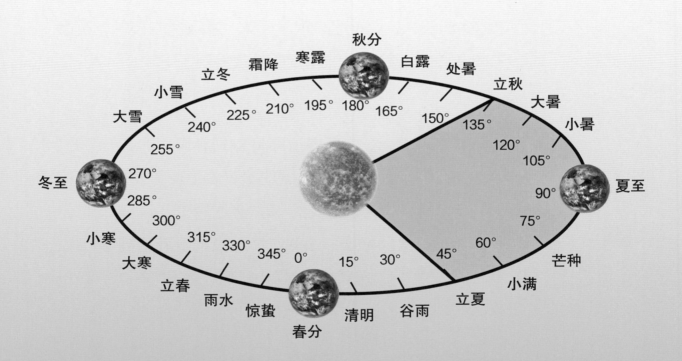

立夏，万物至此皆长大，麦粒逐渐饱满起来，浓绿色的枝叶在暖暖的阳光下透出生命的活力。夏天就快来了，你感受到了吗？

在天文学上，立夏表示即将告别春天，是夏天的开始。人们习惯上把立夏当作温度明显升高，炎暑将临，雷雨增多，农作物进入旺季生长的一个重要节气。

按气候学的标准，日平均气温稳定上升达到22℃以上才算进入夏季。立夏前后，中国只有福州到南岭一线以南地区真正进入夏季，而东北和西北的部分地区这时则刚刚进入春季，全国大部分地区平均气温在18℃—20℃上下。所以，立夏并不意味着夏季的到来，而是春季向夏季的过渡阶段。

今年的立夏是（　）月（　）日。

立夏时节我国南北的气温差异较大，而且同一地区波动频繁，所以此时也是农作物病虫害的多发期和人们易于犯感冒的时期。

立夏以后，江南正式进入雨季，雨量和雨日均明显增多。而华北、西北等地气温回升很快，但降水仍然不多，加上多风，蒸发强烈，大气干燥和土壤干旱常严重影响农作物的正常生长。

上网搜索一下我国近五年遭遇的干旱情况，和同伴讨论讨论如何抗旱。

吃 蛋 斗 蛋

立夏，民间有吃蛋斗蛋的习俗。谚语称："立夏胸挂蛋，孩子不疰夏"。夏日燥热，容易出现腹胀厌食，乏力消瘦的症状，也就是

斗蛋

"疰夏"。小孩尤其容易"疰夏"，民间相传立夏吃蛋就能使心气精神不受亏损。立夏那天，家家户户煮好囫囵蛋（鸡蛋带壳清煮，不能破损），用冷水浸上数分钟之后再套上早已编织好的蛋套，挂在孩子脖子上。孩子们便三五成群，进行斗蛋游戏。

蛋分两端，尖者为头，圆者为尾。斗蛋时蛋头斗蛋头，蛋尾击蛋尾。一个一个斗过去，蛋壳破了的就输了，最后分出高低。

扫一扫，了解更多

立夏快到了，让我们学着编结一个漂亮的蛋套吧！

准备材料：

彩色的丝线或细毛线，八根 40 厘米长，一根 80 厘米长。

1. 将 80 厘米长的彩线找个可以固定两端的地方挂起来，可以用两个挂钩或者椅背、撑开的双手。

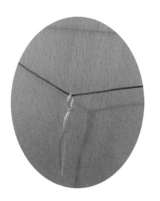

2. 将 40 厘米的彩线对折系到长彩线上，保持一厘米左右的距离打结。

3. 八根彩线全部系上。

4. 相邻两根继续按一厘米的距离打结，最左端和最后端的彩线打结，构成一个圈收口。

5. 继续依此打结,打到自己所需的长度,然后把剩余的彩线扎紧。

6. 放进煮熟的鸡蛋,漂亮的蛋套就做好了!

诗词韵

小　　池

(宋)杨万里

泉眼无声惜细流,

树荫照水爱晴柔。

小荷才露尖尖角,

早有蜻蜓立上头。

客中初夏

(宋)司马光

四月清和雨乍晴,

南山当户转分明。

更无柳絮因风起,

惟有葵花向日倾。

小满是指夏熟作物的籽粒开始灌浆饱满，但还未成熟，只是小满，还未大满。小满过后，炎炎夏日就要来了，让我们开启活力四射的夏日之旅吧！

从气候特征来看，在小满节气到下一个芒种节气期间，全国各地都渐次进入了夏季，南北温差进一步缩小，降水进一步增多。

在小满节气里，我国除西藏、青海、黑龙江、吉林外，长江以北大部分地区连续五天的日平均气温都将达到22℃以上，气候意义上的夏季也就开始了。夏收、夏种、夏管，夏季三大忙的序幕将从此时拉开，是农民一年中又一个繁忙的季节。

今年的小满是（　　）月（　　）日。

古人观察到的小满三候是，第一候苦菜秀，第二候靡草死，第三候小暑至。这个时节，庄稼还没有成熟，青黄不接，而野菜茂盛；喜阴的靡草在烈日下枯死；气温升高，热天来临。小满时节的田野里一派生机，麦粒灌浆，逐渐饱满起来，散发出醉人的清香。让我们走到田野里，观察此时的麦田景象。

麦粒灌浆

祭　蚕

中国是最早发明种桑饲蚕的国家。在古代男耕女织的农业社会经济结构中，蚕桑占有重要的地位，古人对蚕神有着很高的敬意。蚕是娇养的"宠物"，很难养活。气温、湿度，桑叶的冷、熟、干、湿等均影响蚕的生存。由于蚕难养，古代把蚕视作"天物"。相传小满为蚕神诞辰，此时蚕茧结成，正待采摘缫丝。因此江浙一带在小满节气期间有一个祈蚕节，祈求养蚕有个好收成。

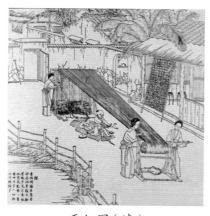

蚕织图（清）

结茧的蚕

实践角

大家养的蚕有什么变化了？是不是结茧了？继续做好养蚕观察笔记哦！

结茧前会先排尿

2017 年 5 月 5 日　立夏
蚕宝宝第一次蜕皮，身长 40mm
蜕完皮，体色略发黄，头高高昂起。

2017 年 5 月 9 日晚，蚕宝宝开始结茧。
5 月 10 日晨，结茧完成。蚕宝宝至吾家后，
吾与母日日采桑，蚕宝宝茁壮成长。见其吃
桑之势，真乃"蚕食"也！吃桑不辍，遂蜕皮
吐丝、结茧，此过程甚为神奇，令吾入迷！

"破"茧

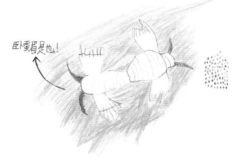
卧蚕眉是也！

2017 年 5 月 21 日　小满　破茧成蛾
刚羽化的蚕蛾，翅膀尚未完全打开，
通体白色。

2017 年 5 月 21 日　雄蚕蛾体略小，翅膀灰
白色，翅脉灰褐色，较明显。
交配时不停舞动翅膀，扑扑有声。
雌蚕蛾体稍大，翅膀灰白色，翅脉灰褐色不
明显，交配时安静，肚子肥大。蚕蛾交配，
次日产卵。刚产下的卵似芝麻粒大，淡黄
色，一天后变成豆绿色。

蚕宝宝至吾家一月有余，终完成蚁蚕—熟蚕—蚕茧—蚕蛾之全过程。吾与母日日观
察，见证此过程，感慨生命之神奇与伟大！

作者：应嘉荣

小满

（宋）欧阳修

夜莺啼绿柳，

皓月醒长空。

最爱垄头麦，

迎风笑落红。

谚语楼

小满小满，麦粒渐满。

小满麦渐黄，夏至稻花香。

小满十日满地黄。

小满见新茧。

小满天天赶，芒种不容缓。

芒种

芒种时节正是冬播农作物成熟收割、夏播农作物即将下地的农忙时候，田野里一派繁忙的景象。

 知识窗

芒种的"芒"本义是小麦等禾本科植物种子壳上的细刺，这里借指麦类植物种子的成熟。"种"的意思是播种、栽种。"芒种"作为节气，是指到了麦类作物成熟收获、谷类作物栽种的时节。大麦、小麦等有芒作物种子已经成熟，抢收十分急迫。晚谷、黍、稷等夏播作物也正是播种最忙的季节，所以，"芒种"也称为"忙种""忙着种"，是农民播种、下地最为繁忙的时候。

今年的芒种是（　）月（　）日。

芒种后期会出现较长时间的阴雨天气，这连绵的阴雨正值梅子黄熟，所以叫它梅雨。这个时段的天气，空气非常潮湿，我们称之为"黄梅天"。

梅雨

请你记录芒种节气间的天气情况。

日期						
天气						
日期						
天气						

在梅雨季节里，我们的感受和平时有什么不同？身边的事物又有怎样的变化？请你记录下来，再和同伴交流。

梅雨季节经常阴雨连连，家中湿气很重，衣物、食物、电器等都容易湿漉漉的，发生霉变。下面是防潮防霉的一些办法，你还有其他妙招吗？

实践角

1. 遇到下雨天，尤其是早晚湿气最重，关紧门窗，挡住窗外的湿气。

2. 使用除湿机或者空调，抽取空气中的水分。

3. 食物可用保鲜袋封存。

4. _____

5. _____

 民俗园

安苗祭祀

种安苗是流传于安徽绩溪一带的农事习俗。每到芒种时节，待各农户稻秧栽插完毕，五谷下种，农民为表达喜悦，祈求秋天有个好收成，各地都要举行安苗祭祀活动。各村族长召集德高望重的长辈选择吉日，家家户户用新麦面蒸发包，把面捏成五谷六畜、瓜果蔬菜等形状，然后用蔬菜汁染上颜色，作为祭祀供品，祈求五谷丰登、村民平安。

动物、果蔬状花馍

 欢乐谷

芒种时节，我国大部分地区农事活动最为繁忙。夏熟作物要收获，夏播秋收作物要下地，春种的庄稼要管理。长江流域有"栽秧割麦两头忙"，华北地区"收麦种豆不让晌"。下面是农民伯伯需要完成的农活儿，我们帮他排一排劳动顺序吧！（填入下图）

收割麦子　平整农田　插秧苗　收割豌豆　播种大豆

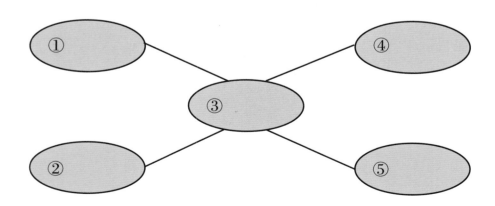

诗词韵

时　雨

（宋）陆游

时雨及芒种，

四野皆插秧。

家家麦饭美，

处处菱歌长。

谚语楼

芒种忙，麦上场。

麦收有五忙：割、拉、打、晒、藏。

收麦如救火，龙口把粮夺。

芒种前，忙种田，芒种后，忙种豆。

夏至

"夏至之日鹿角解，又五日蝉始鸣，又五日半夏生。"夏至，简单地说就是夏天到来了。

知识窗

夏至这一天，太阳运行至黄经 90°，太阳直射地面的位置到达一年的最北端，几乎直射北回归线，此时，北半球各地的白昼时间达到全年最长。对于北回归线及其以北的地区来说，夏至日也是一年中正午太阳高度最高的一天。这一天北半球得到的太阳辐射最多，比南半球多了将近一倍。

扫一扫，了解更多

今年的夏至是（　　）月（　　）日。

健康帖

夏至时节，天气湿热，蚊虫繁殖速度很快。我们要杜绝蚊虫滋生的环境，防止蚊虫叮咬。下面的一些办法你家尝试过吗？

1. 蚊喜欢把卵产在水中，因此家里要避免积水，不给蚊子提供繁殖环境：室内水生观赏植物每周至少换水一次，或者改为土养；经常检查家里盆盆罐罐、地漏、下水道、花盆等有积水处，尽量减少积水。

2. 注意关好纱窗、纱门，并经常检查有无漏洞。

3. 在室内放置驱蚊植物，如西红柿枝叶、薄荷等。

4. 科学使用蚊香等驱虫剂。

防蚊标识

端 午 节

夏至前后会有端午节，在农历五月初五，又称午日节、五月节、龙舟节、浴兰节、诗人节等。关于端午节的由来，最有名的说法是为了纪念投汨罗江自尽的爱国诗人屈原。在端午节，民间有赛龙舟、包粽子、挂艾草与菖蒲、戴香包等丰富的民俗活动。

你的家乡还有什么特色的端午节活动？和同伴们交流一下吧！

赛龙舟

实践角

每年五月初，家家都要浸糯米、洗粽叶、包粽子。粽子花色品种繁多，各地的饮食习惯不同，形成了南北风味。有正三角形、正四角形、尖三角形、方形、长形等各种形状。常见的粽子种类有：腊肉香肠粽、豆沙粽、莲子粽、松仁粽、蛋黄粽、鲜肉粽、火腿粽、枣粽等。让我们学着包粽子吧！

1. 准备好洗净的糯米、粽叶、棉线，按自己的口味准备赤豆、蜜枣或腊肉等馅料。

2. 将两片粽叶重叠起来，卷成一个圆锥形，将糯米和馅料放入填满。

3. 将粽叶的尾部卷起盖住馅料，然后用棉线捆扎起来。

4. 漂亮的粽子就包好了。再放入清水煮一小时左右就可以食用了。

诗词韵

夏　　至

（宋）范成大

李核垂腰祝饐，

粽丝系臂扶羸。

节物竞随乡俗，

老翁闲伴儿嬉。

端午即事

（宋）文天祥

五月五日午，赠我一枝艾。

故人不可见，新知万里外。

丹心照夙昔，鬓发日已改。

我欲从灵均，三湘隔辽海。

梅雨停了，天气渐渐炎热起来，绿树浓荫，蝉鸣不断，准备好进入闷热的三伏天吧！

知识窗

暑，表示炎热的意思，小暑为小热，还没到最热。到了小暑，可以说夏季真正来临。小暑开始，江淮流域梅雨即将结束，盛夏开始，气温升高，并进入伏旱期；而华北、东北地区进入多雨季节；沿海地区台风开始增多。小暑后南方应注意抗旱，北方须注意防涝。

今年的小暑是（   ）月（   ）日。

夏天常会遇到雷雨天,雷电是伴有闪电和雷鸣的一种放电现象。打雷时电流通过人、畜、树木、建筑物等可以造成杀伤或破坏。因此,在雷雨天气,我们要做好防雷措施。

当我们在室内时:

1. 最好待在安装了避雷器的建筑物中,不能停留在建筑物的楼顶上。

2. 关好门窗,不要靠近建筑物裸露的金属物,如水管、暖气煤气管等。

3. 不要拨打、接听电话,不要使用电器设备。

4. 不要使用花洒或太阳能热水器洗澡。

查找资料,说一说当我们在室外遇到雷电时,应该怎么办。

雷电

晒　　伏

谚有云:"六月六,家家晒红绿。""红绿"就是指五颜六色的衣服。由于梅雨季节,空气湿度较大,家中的衣服容易受潮发霉。到了小暑节气后,艳阳高照,于是到了六月六这天,家家户户翻箱倒柜,拿出衣物、鞋帽、被褥等到太阳底下曝晒,又称"晒伏",据说这样可以一年之内不生蛆,不返潮。

六月六为什么要晒衣服?这晒衣物的习俗,据说跟民间传说有关。唐僧从西天取经归来,途中经书掉进河里,于是赶紧捞起来晒干。因这天正是六月六,寺庙里就把六月六作为晒经书的日子,举行"晾经会",把所存的经书统统摆出来晾晒,以防潮湿、虫蛀鼠咬。

扫一扫,了解更多

"牧童骑黄牛，歌声振林樾。意欲捕鸣蝉，忽然闭口立。"鸣蝉可以说是夏天最鲜明的标志了。蝉，俗称知了，由卵、幼虫，经过一次蜕皮而变为成虫。在泥土上、树枝上，我们经常可以发现蝉蜕皮后留下的壳，你观察过蝉蜕皮的过程吗？结合下面的图片谈谈你的经历。

蝉蜕皮的过程

炎炎夏日，长时间处在烈日下或者在高温环境中容易引起中暑，中暑实质上就是人体体温调节失控。你能根据下面的中暑症状图或者自己的经验说说中暑后有哪些症状吗？下面提供了四种防暑降温的办法，你还有其他办法吗？

中暑症状

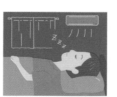

防暑降温办法

纳　凉

（宋）秦观

携杖来追柳外凉，

画桥南畔倚胡床。

月明船笛参差起，

风定池莲自在香。

谚语楼

小暑过，一日热三分。

东风不倒，雨下不小。

早霞不出门，晚霞行千里。

早晨雾浓一日晴。

小暑惊东风，大暑惊红霞。

小暑大暑，上蒸下煮。

大暑

一年中最热的大暑来临，烈日向大地挥洒着滚滚热浪，空气中也夹杂着夏季的燥热，真是"天地一大窑，阳炭烹六月"。

大暑节气正值"三伏天"里的"中伏"前后，是一年中最热的时期，气温最高，农作物生长最快。

大暑时，我国除青藏高原及东北北部外，大部分地区天气炎热，35℃的高温已是司空见惯，40℃的酷热也不鲜见。大暑期间的高温是正常的气候现象，此时，如果没有充足的光照，喜温的水稻、棉花等农作物生长就会受到影响。但连续出现长时间的高温少雨天气，容易出现长期干旱，对水稻等作物成长十分不利。

今年的大暑是（　　）月（　　）日。

炎炎夏日，古人没有空调、电风扇等现代降温电器，他们是怎样避暑的呢？

智慧的古人想出了各种各样的避暑办法。中国幅员辽阔，可以根据地理位置的变换达到避暑的目的，像清代的皇帝夏季都要离开紫禁城，到圆明园、承德避暑山庄纳凉消夏。另外，清代在紫禁城、德胜门外等处设有专门储藏冰块的冰窖，冬天采集冰块放入冰窖，等到来年夏天使用。不过，这些不是普通百姓可以享受得了的。

民间的避暑发明也不少。在河边建造凉屋，采用类似水车的方式推动扇轮摇转，将凉气慢慢送入屋内。在岭南，会将房屋排列形成比较窄的巷道，或者是在建筑的一侧留出一道小走廊，称之为冷巷。风经过冷巷，风速会增大，风压会降低，

冷巷

与冷巷接通的各房间较热的空气就会被带出，较冷空气就会进入补充，从而达到通风效果。

当然，最普遍的降温方法就是使用扇子，古人称之为"摇风"，又叫"凉友"，是夏日必备的物品。

在炎热的夏日，游泳是消除热气，令人爽快的事情。我们游泳需要注意哪些事项呢？

1. 不要独自一人外出游泳，要到有救生员的正规游泳场。

2. 游泳前要了解自己的身体状况、游泳能力，做准备活动。

3. 不在空腹状态下游泳，游泳时间不宜过长。

你还有补充的吗？

大暑的夜晚，在池塘边、树林里、农田中会出现萤火虫，它们发出一闪一闪的亮光。在萤火虫体内有一种磷化物——发光质，经发光酵素作用，会

萤火虫

引起一连串化学反应，它发出的能量只有约一成多转为热能，其余大多变作光能，其光称为冷光。雄萤腹部有 2 节发光，雌萤只有 1 节。亮灯是耗能活动，不会整晚发亮，一般只维持 2 至 3 小时。

成群的萤火虫

斗蟋蟀

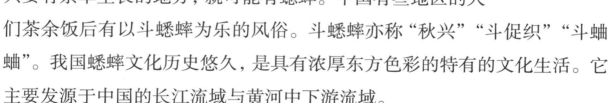

大暑是乡村田野蟋蟀最多的季节，蟋蟀的适应性很强，只要有杂草生长的地方，就可能有蟋蟀。中国有些地区的人们茶余饭后有以斗蟋蟀为乐的风俗。斗蟋蟀亦称"秋兴""斗促织""斗蛐蛐"。我国蟋蟀文化历史悠久，是具有浓厚东方色彩的特有的文化生活。它主要发源于中国的长江流域与黄河中下游流域。

斗蟋蟀

斗蟋蟀中参加战斗的都是雄性，为保卫自己的领地或争夺配偶权而相互撕咬。二虫鏖战，战败一方或是逃之夭夭或是退出争斗。斗蟋蟀须遵循一定的仪式。事先要将蟋蟀隔离一天，以防止在开斗之前作弊。蟋蟀将按称重配对，通常是在陶制的或瓷制的蛐蛐罐中进行。两雄相遇，一场激战就开始了。

诗词韵

山 亭 夏 日

（唐代）高骈

绿树荫浓夏日长，

楼台倒影入池塘。

水晶帘动微风起，

满架蔷薇一院香。

销　　夏

（唐）白居易

何以销烦暑，端居一院中。

眼前无长物，窗下有清风。

热散由心静，凉生为室空。

此时身自得，难更与人同。

秋之韵

　　穗儿熟，果儿香，秋天是一个收获的季节，在这个明亮绚丽的季节里，我们伴随着太阳的脚步，与秋天的六个节气相遇，它们是立秋、处暑、白露、秋分、寒露、霜降，让我们在这一片绚烂的秋色中，分享蓬蓬勃勃的丰收喜悦吧！

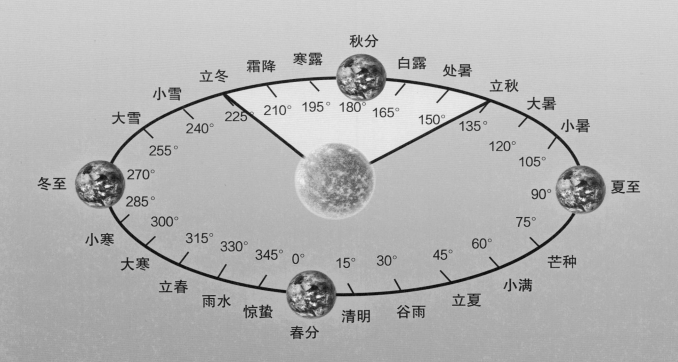

立秋

随着酷暑高温渐渐离去，偶尔的一阵风让我们感到一丝凉意，让我们通过天气、蔬菜水果的变换等一起来认识秋季的第一个节气。

知识窗

立秋，是二十四节气中的第 13 个节气。"秋"是指谷物成熟的季节。暑去凉来，到了立秋，梧桐树开始落叶，因此有"落叶知秋"的成语。虽然对全国大多数地方来说还未进入秋季，暑气还没有消散，但是总的趋势是天气逐渐凉爽，往往白天很热，夜晚却比较凉爽。

今年的立秋是（　　）月（　　）日。

我国古代将立秋分为三候:"一候凉风至;二候白露生;三候寒蝉鸣。"

凉风至:刮风时人们会感觉到凉爽,此时的风已不同于暑天的热风。

白露降:早晨大地上会有雾气产生。

寒蝉鸣:感阴而鸣的寒蝉也开始鸣叫。

立秋时节,你是否也观察到上面的三种物候变化?你还观察到其他的变化吗?说出来和同伴分享一下吧!

立秋以后会有短期回热天气,一般发生在 8、9 月之交,持续约一至两周时间。这种天气因连日晴朗、日射强烈,而重新出现暑热天气,就像一只老虎一样蛮横霸道,人们感到炎热难受,故称"秋老虎"。此时气温虽高,但是总的来说空气干燥,阳光充足,早晚气温不会太高。人体容易出现"秋燥"症状,主要表现为皮肤干燥、口鼻咽干、干咳少痰等情况。

请你对近一周的气温情况做一观测并记录。

	周一	周二	周三	周四	周五	周六	周日
白天							
夜晚							

我发现:_____

节日会

七 夕 节

立秋之后就是七夕节了，也就是农历七月初七。又名乞巧节、七巧节。传说玉帝的第七个女儿织女，心灵手巧，善于编织，因此，民间妇女就拜祭她，祈求智慧、灵巧和幸福，于是，就有了每年七月初七的"乞巧"活动，由此形成了乞巧节。后来牛郎织女的爱情故事融入乞巧节，每到农历七月初七，在牛郎织女"鹊桥会"时，姑娘们就会来到花前月下，抬头仰望星空，寻找银河两边的牛郎星和织女星，希望能看到他们一年一度的相会，乞求上天让自己也能像织女那样心灵手巧，有个称心如意的美满婚姻，久而久之便形成了七夕节。

啃秋　又称咬秋，即立秋日吃西瓜，消除夏日炎炎暑气。有些地方还有"吃西瓜烂猪毛"的说法，人们认为立秋吃西瓜能把平时食入体内的猪毛等消化掉。

民俗园

晒秋　生活在山区的村民，由于地势复杂，平地极少，只好利用房前屋后及自家窗台、屋顶架晒或挂晒农作物，久而久之就演变成一种传统农俗现象。金秋时节，农民们抢抓晴好天气，将收获的玉米、辣椒、稻谷等农作物晾晒出来。各色的农作物构成了一幅幅绚丽的晒秋美图。

晒秋

实践角

炎热的天气里吃点西瓜，真是爽快无比！面对圆滚滚的大西瓜，怎样才能挑到最甜的西瓜呢？

挑西瓜是需要一定方法和经验的。

一看 瓜皮青绿色，表面光滑，花纹清晰的是熟瓜；颜色发白，花纹模糊的还未成熟。

留在西瓜上的瓜蒂是青绿色的，说明采摘不久，比较新鲜；瓜蒂枯萎发黄，说明采摘很久，不大新鲜了。

二听 用手指轻轻弹拍西瓜，发出清脆的"咚咚"声，是熟瓜；发出"噗噗"声，是过熟的瓜；发出"嗒嗒"声的是生瓜。

三尝 如果不确定，可以开瓜尝一尝。

你掌握挑个甜西瓜的方法了吗？可以在买西瓜的时候试一试哦！

谚语楼

早上立了秋，晚上凉飕飕。

一场秋雨一场凉，十场秋雨就结霜。

早立秋冷飕飕，晚立秋热死牛。

立秋有雨样样收，立秋无雨人人忧。

立秋十天遍地黄。

處暑

"一场秋雨一场凉""立秋处暑天气凉",这就意味着炎炎夏日真的要结束了。让我们一起用心观察周围的事物,感受一丝丝早秋的气息。

知识窗

"处"表示"终止,隐退",处暑,即炎热的暑天结束了。处暑后,我国大部分地区气温逐渐下降,不再暑气逼人,但是一段时间内还处于白天热的状态。总的来看,处暑期间的气候特点是白天热,早晚凉,昼夜温差大,降水少,空气湿度小。

今年的处暑是（　　）月（　　）日。

进入八月，热带风暴或台风也会给我们带来雷暴天气。雷暴是大气中的放电现象，一般伴有阵雨，有时还会出现局部的大风、冰雹等强对流天气。

请对八月份的雷暴天气进行观测并记录。

项目　　日期								
雨量								
是否打雷								

采菱　菱角是一年生草本水生植物菱的果实，蒸煮后剥壳食用，含有丰富的蛋白质、不饱和脂肪酸及多种维生素和微量元素。我国南方，尤其以长江下游太湖地区和珠江三角洲栽培最多。

处暑前后，菱角结实正旺，人们在此时采摘菱角。历代文人墨客写下了大量描摹采菱之景的诗歌，如"兰棹无劳速，菱歌不厌长""荡舟游女满中央，采菱不顾马上郎"。

菱角

放河灯　又称放荷灯，是一种中国民间祭祀及宗教活动，用以表达对逝者的悼念，对生者的祝福，常在每月初一、十五和逝世忌日进行。道教、佛教等宗教活动常在农历七月十五举行，也就是中元节举行。河灯也叫"荷花灯"，河灯一般是在底座上放灯盏或蜡烛，中元夜放在江河湖海之中，任其漂泛。

荷花灯

实践角

在元宵节、清明节、中元节、中秋节等节日，都会用到荷花灯，美丽的荷花灯寄托了我们对逝者的怀念，对生者的祝福。让我们一起用彩纸折荷花灯吧！

准备材料：
长方形粉色彩纸 12 张，绿色彩纸四张，细线一根。

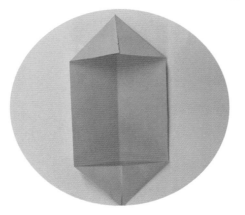

1. 把粉色彩纸对折起来，四个角向内折。

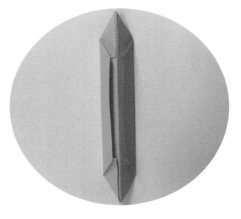

2. 将上下两端沿中线折，再向后折叠起来。将另外几张粉色的纸也折成同样的形状。

3. 将绿色折纸对折起来，四个角向内折。

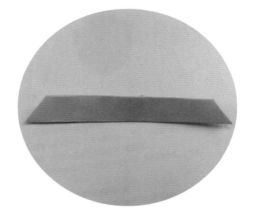

4. 将上下两端沿中线折，注意再向前折叠起来。将另外几张绿色的纸也折成同样的形状。

5. 三个粉色的折纸和一个绿色的折纸为一组,将其上下重叠起来。一共有四组。

6. 四组折纸并起来,中间用细线牢牢地绑在一起。

7. 整理开来,将最上面一层向中间折起来,陆续把其余的三层粉色折纸也向中间折起来。

8. 绿色折纸不用折起来,展开即可。一朵漂亮的荷花灯就折好了。

处暑天不暑,炎热在中午。

处暑谷渐黄,大风要提防。

处暑好晴天,家家摘新棉。

七月枣,八月梨,九月柿子来赶集。

白露

清晨，我们在上学路上可以发现地面和草叶上有许多露珠，这说明白露时节到了，天气渐渐转凉，"白露秋分夜，一夜凉一夜"。

知识窗

白露，是个典型的秋天节气，太阳到达黄经165°，一般昼夜温差在10℃至15℃，气温下降速度很快，夜间气温已经达到水汽凝结成露的条件，露水在清晨的田野上晶莹剔透，洁白无瑕，煞是惹人喜爱，因露珠呈白色而得"白露"美名。

这个时候，我国北方地区降水明显减少，秋高气爽，比较干燥，部分地区还有可能出现秋旱。伴随秋旱，特别是山地林区，空气干燥、风力加大，森林火险开始进入秋季高发期。

今年的白露是（　　）月（　　）日。

鸿雁归来

古人观察到白露时鸿雁归来。大雁是冬候鸟，秋季北方天气逐渐寒冷，不适合大雁生存，于是北方的大雁成群结队飞往相对温暖的南方。等到春天，大雁再飞到北方繁殖后代。雁群在飞行过程中，常常排成一字形或者人字形，你知道这是为什么吗？

大雁排成人字

扫一扫，了解更多

我们每时每刻都在空气中，空气阻力自然是不可避免的。空气阻力是指空气对运动物体的阻碍力，是运动物体受到气流的作用而产生的力。空气阻力并不都是不利因素，有时也能够为我们提供保护。你能说说下面的物品是如何减少或者利用空气阻力的吗？

赛车装备

降落伞

关于白露时节，民间流传着很多风俗。

食龙眼 福州的习俗，"白露必吃龙眼"，此时龙眼味道最佳，人们认为在这一天吃一颗龙眼相当于吃一只鸡那么补。

龙眼

喝白露米酒 老南京中还有自酿白露米酒的习俗。旧时苏浙一带乡下人家每年白露一到，家家酿酒，用以待客。

饮白露茶 民间有"春茶苦，夏茶涩，要喝茶，秋白露"的说法。此时的茶树经过夏季的酷热，白露前后正是它生长的极好时期。白露茶既不像春茶那样鲜嫩，不经泡，也不像夏茶那样干涩味苦，而是有一种独特的甘醇清香味，尤受老茶客喜爱。

祭禹王 白露时节是太湖人祭祀禹王的日子。禹王就是大禹，太湖渔民称他为"水路菩萨"。为了能在随后的捕捞季获得好收成，太湖风平浪静，渔民赶往位于太湖中央小岛上的禹王庙进香，祈祷神灵的保佑。祭祀完毕后，渔民们还会请来唱戏班子演戏，既是酬神，也是渔民的娱乐活动，《打渔杀家》是必演的一出。

大禹像

除了上面这些民俗，你还知道白露时节有哪些有趣的活动，在班级内交流一下。

诗词韵

白　露

（唐）杜甫

白露团甘子，清晨散马蹄。
圃开连石树，船渡入江溪。
凭几看鱼乐，回鞭急鸟栖。
渐知秋实美，幽径恐多蹊。

谚语楼

白露打枣，秋分卸梨。

草上露水凝，天气一定晴。

白露播得早，就怕虫子咬。

白露谷，寒露豆，花生收在秋分后。

白露种高山，秋分种平川，寒露种沙滩。

秋分

秋高气爽，秋季的特征越来越鲜明了，碧绿的茼蒿、尖角的秋葵、鲜红的苹果、甜润的柚子，还有张牙舞爪的河蟹陆陆续续上市了，让我们一起尝尝鲜，感受秋的味道。

知识窗

"秋分"的含义有二：一是按我国古代以立春、立夏、立秋、立冬为四季开始，划分四季，秋分日居于秋季90天之中，平分了秋季。

二是此时一天24小时昼夜均分，各12小时。秋分日同春分日一样，阳光几乎直射赤道，此日后，阳光直射位置南移，北半球昼短夜长。

今年的秋分是（ ）月（ ）日。

秋分节气，也是农业生产上重要的节气，"一场秋雨一场寒"，"八月雁门开，雁儿脚下带霜来"，东北地区降温早，有时秋分见霜已不足为奇。

选一个观测对象，说一说秋分时节它发生了什么变化。

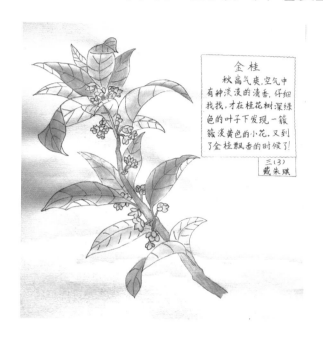

金桂

秋高气爽，空气中有种淡淡的清香，仔细找找，才在桂花树深绿色的叶子下发现一簇簇淡黄色的小花，又到了金桂飘香的时候了！

三(3)
戴朱琪

嫦娥奔月

羿请不死之药于西王母，托与妲娥。逢蒙往而窃之，窃之不成，欲加害妲娥。娥无以为计，吞不死药以升天。然不忍离羿而去，滞留月宫。广寒寂寥，怅然有丧，无以继之，遂催吴刚伐桂，玉兔捣药，欲配飞升之药，重回人间焉。

羿闻娥奔月而去，痛不欲生。月母感念其诚，允娥于月圆之日与羿会于月桂之下。民间有闻其窃窃私语者众焉。

——刘安《淮南子·览冥训》

这是嫦娥奔月的故事流传比较广的一种说法，读一读，你知道每句话的意思吗？

秋分前后会有中秋节，秋分曾是传统的"祭月节"。现在的中秋节则是由传统的"祭月节"而来。农历八月十五，月亮圆满，因此后来就将"祭月节"由秋分调至中秋。人们摆上月饼、时令水果等奉献给月神享用，通过祭月表达祈求月神降福人间的美好心愿。

中秋祭月

随着月亮每天在星空中自西向东移动，它的形状也在不断地变化着，这就是月亮位相变化，叫作月相。坚持观察农历八月每晚月相的变化，拍照或者画下来和同学交流一下吧！

月相变化图

扫一扫，了解更多

诗词韵

秋　词

（唐）刘禹锡

自古逢秋悲寂寥，

我言秋日胜春朝。

晴空一鹤排云上，

便引诗情到碧霄。

谚语楼

秋分秋分，昼夜平分。

白露早，寒露迟，秋分种麦正当时。

一年辛勤盼个秋，棉花拾净才说收。

八月中秋正卸梨。

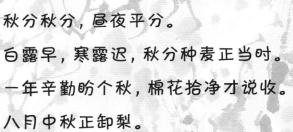

寒露时节气温比白露时更低，地面的露水更冷，快要凝结成霜了。
蝉噤荷残，你是否也感受到秋日的寒气？

知识窗

　　寒露，是气候从凉爽到寒冷的过渡。寒露时节，南岭及以北的广大地区均已进入秋季，东北进入深秋，西北地区已进入或即将进入冬季。

　　气温逐渐下降。我国南方大部分地区各地气温继续下降。华南日平均气温多不到20℃，即使在长江沿岸地区，气温也很难升到30℃以上，而最低气温却可降至10℃以下。西北高原除了少数河谷低地以外，平均气温普遍低于10℃，已进入气象学意义上的冬季了。

今年的寒露是（　　）月（　　）日。

寒露后天气凉爽，有利于秋季蔬菜生长，但要预防各种病虫害发生。叶菜类蔬菜主要有跳甲、小菜蛾、蚜虫、斜纹夜蛾等害虫，这些害虫蚕食菜叶，损害了蔬菜生长发育。选择一片菜地，观察是否有虫害，并查找资料，想一想如何预防和消灭这些虫害。

蚜虫

重 阳 节

农历九月九日，是我国传统的重阳节，又名重九节、登高节、菊花节、茱萸节。《易经》中把"六"定为阴数，把"九"定为阳数，九月九日，日月并阳，两九相重，故曰重阳。金秋九月，天朗气清，民间有登高望远的习俗。此时，层林尽染，山色怡人，很适合登山欣赏大自然的美景。人们还会佩戴茱萸香囊、喝菊花酒来祈福辟邪、延年益寿。1989 年，农历九月九日被定为老人节，倡导全社会树立尊老、敬老、爱老、助老的风气。

重阳节这天，你有没有向老人们表达敬意？和同伴们交流一下你为老人们做了什么。

关爱老人

"待到重阳日，还来就菊花。"魏晋以来，重阳赏菊逐渐成为风俗。宋代培植出的菊花种类繁多，赏菊是当时城市居民的一大活动。菊花是中国十大名花之一，花中四君子（梅兰竹菊）之一。在我国，菊花象征着长寿。

现在，很多城市都会举办赏菊大会，吸引了大量游客前来观赏。你参加过赏菊大会吗？你认得几种菊花？你能说出它们花色、花型的特点吗？

诗词韵

池　上

（唐）白居易

嫋嫋凉风动，凄凄寒露零。

兰衰花始白，荷破叶犹青。

独立栖沙鹤，双飞照水萤。

若为寥落境，仍值酒初醒。

谚语楼

菊花开，麦出来。

九月九，摘石榴。

时到寒露天，捕成鱼，采藕芡。

寒露到，割晚稻；霜降到，割糯稻。

秋分早，霜降迟，寒露种麦正当时。

霜降

上学的路上，你是否发现地面上、草地上有一层白色冰晶？天气愈发冷了，露珠变成了白霜。"霜叶红于二月花"，经过霜降的洗礼，留在枝头的树叶透出绚丽的光彩，装扮起迷人的秋景。

知识窗

"霜降"节气里天气逐渐变冷，露水凝结成霜，是秋季到冬季的过渡节气。秋天晚上的地面散热很多，温度骤然下降到0℃以下，空气中的水蒸气在地面或植物上直接凝结形成细微的冰针，有的成为六角形的霜花。秋季出现的第一次霜称为初霜，初霜愈早对农作物危害愈大。

今年的霜降是（　　）月（　　）日。

秋天我们会发现很多树的树叶颜色由绿色变成了红色、黄色、褐色。这是为什么呢？

植物的叶子里，含有许多天然色素，如叶绿素、叶黄素、花青素和胡萝卜素。我们看到的叶子的颜色是由于这些色素的含量和比例的不同而造成的。春夏时节，叶绿素的含量较大，而叶黄素、胡萝卜素的含量远远低于叶绿素，因而叶片显现叶绿素的绿色。

枫叶

银杏叶

由于叶绿素的合成需要较强的光照和较高的温度，到了秋冬季节，随着气温的下降，光照变弱，叶子中的叶绿素比例降低，而叶黄素和胡萝卜素则相对比较稳定，不易受外界的影响。因而，叶片就显现出这些色素的黄色。

五彩缤纷、形状各异的树叶是大自然馈赠给我们的礼物，让我们到大自然里找一找这些美丽的落叶，然后做成树叶拼贴画吧！

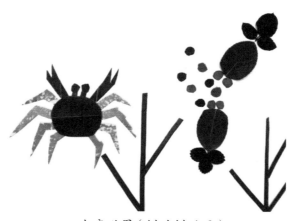

水底世界（树叶拼贴画）

霜 的 形 成

在寒冷季节的清晨，草叶上、土块上常常会覆盖着一层结晶，这就是霜，等到气温升高后就融化了。霜是空气中的水蒸气受冷，直接凝华而成的。霜的形成有两个基本条件，一是空气中含有较多的水蒸气，二是有冷（0℃以下）的附着物。

我们可以人工模拟霜的形成。

实验材料：

冰、水、食盐、深色搪瓷杯、毛巾

实验步骤：

扫一扫，了解更多

1. 先往搪瓷杯里倒半杯冷水，然后加入冰块。

2. 在冰水中加入适量的食盐。

3. 将搪瓷杯放在湿毛巾上，观察杯外壁出现的现象。

一段时间后，我们可以看到杯的外壁有一层白色晶体出现，这就是霜。

吃 柿 子

俗话说："霜降吃柿子，不会流鼻涕。"民间认为霜降吃柿子，冬天就不会感冒、流鼻涕。这种说法并不正确，不过霜降的确是吃柿子的好时机，此时的柿子完全成熟了，皮薄、肉多、香甜可口，且营养丰富。霜降前后，人们还会将成熟的柿子进行晾晒，做成柿子饼。柿子经过日晒，果肉里所含的葡萄糖和果糖就渗透到表皮上来，形成一层像霜一样的白色粉末。

晒柿子

诗词韵

赠 刘 景 文

（宋）苏轼

荷尽已无擎雨盖，

菊残犹有傲霜枝。

一年好景君须记，

最是橙黄橘绿时。

寒露收割罢，霜降把地翻。

霜降不摘柿，硬柿变软柿。

今夜霜露重，明早太阳红。

严霜单打独根草。

冬之魅

北风吹，雪花飘，冬季是个寒冷的季节；堆雪人，备年货，冬天是个充满欢笑的季节。让我们在立冬、小雪、大雪、冬至、小寒、大寒这六个节气的陪伴下，感受冬季冰雪世界的神奇。

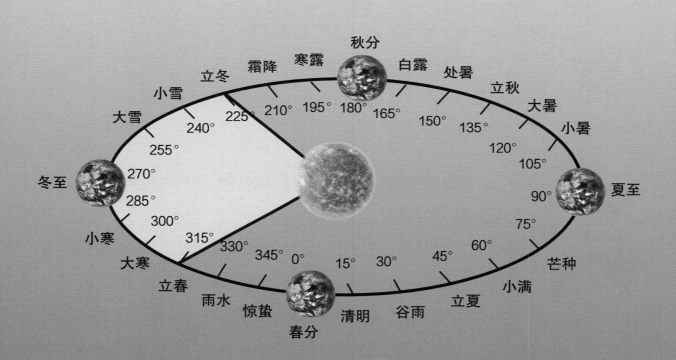

立冬

立冬时雨水减少，水落石出，万物收敛了朝气，在呼呼的北风中抵御着寒冷。冬季看似萧索冷清，却也别有一番滋味，让我们不惧严寒，发现冬天的魅力吧！

知识窗

立，建始也，表示冬季从此开始。冬，四季之末，可引申为终了的意思。

立冬时节，我们所处的北半球获得太阳的辐射量越来越少，但由于此时地表还贮存有一定的能量，所以一般还不会太冷，但气温逐渐下降。我国幅员辽阔，南北方温差比较大。北方很多地区的最低气温已在0℃以下，万物凋零，寒气逼人。而南方平均气温一般为12℃至15℃，仍然绿水青山，温暖宜人。

今年的立冬是（　　）月（　　）日。

从北方和南方各选择一个城市，通过上网查询资料统计从霜降到立冬这一段日子的气温情况，并根据记录绘制一张气温变化情况折线图，说说立冬前后南北气温特点。

城市：		时间：										
日期												
气温												

城市：		时间：										
日期												
气温												

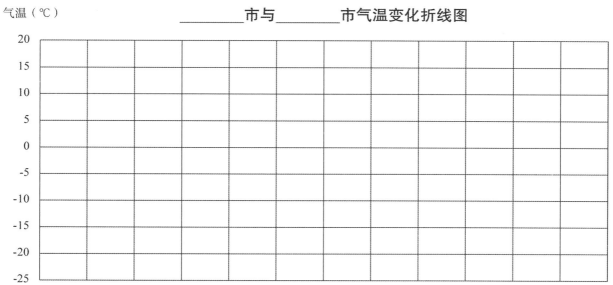

气温（℃）　　　　　　　_____市与_____市气温变化折线图

日期

在立冬前后会有寒衣节，每年农历十月初一，又称"十月朝""祭祖节"等，是我国传统的祭祀节日。农历十月初一，天气渐渐寒冷，冬天即将来临。古代的人们怕在冥间的祖先缺衣少穿，因此，在祭祀时为祖先准备冥衣这类供物，表达对祖先的怀念和感恩。现在，这种焚烧冥衣的迷信思想逐渐被人们抛弃，寒衣节在今天演化成向贫困的人捐献衣物的爱心活动。你所在的社区举行过爱心捐衣活动吗？和同伴们交流一下吧。

捐献衣物

流行性感冒（简称流感），是由流感病毒引起的一种病毒性急性呼吸道传染病，主要通过空气中的飞沫、人与人之间的接触或与被污染物品的接触传播。我国每年冬季都会经历流感的暴发流行。

接种流感疫苗是预防流感最有效的医疗手段。接种流感疫苗后，保护性抗体可在身体内持续 1 年时间，另外，每年流行的病毒会有变化，所以每年都需要接种当年度的流感疫苗，才能产生良好的免疫效果。

家长应在流感流行高峰前 1—2 个月给孩子接种流感疫苗，这样能更有效地发挥疫苗保护作用，因而推荐接种时间为每年 9 至 11 月份。当然，错过了最佳时期也是可以再接种流感疫苗的。

此外，流感季节避免过于疲劳，勤洗手，养成良好卫生习惯，避免去人多拥挤的公共场所也是预防和控制流感的有效方法。

诗词韵

立　冬

（唐）李白

冻笔新诗懒写，

寒炉美酒时温。

醉看墨花月白，

恍疑雪满前村。

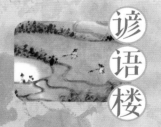

谚语楼

今冬麦盖三层被，来年枕着馒头睡。

立冬东北风，冬季好天空。

西风响，蟹脚痒，蟹立冬，影无踪。

立冬晴，一冬晴；立冬雨，一冬雨。

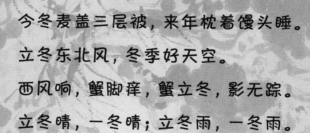

小雪时节阴冷了不少，天干地冻，寒风萧瑟，点点小雪开启了纯白的世界。让我们跟随这白色精灵，感受大自然的万千变化！

知识窗

到了小雪时节，我国大部分地区常伴有西北风，气温下降，冷空气使我国北方地区气温逐渐降到 0℃ 以下。不过此时还没有到最冷的时候，有些地方开始降雪，但雪量不大，故称小雪。"小雪"是反映天气现象的节令。

今年的小雪是（　　）月（　　）日。

听天气预报有没有这样的疑问：厚厚的积雪快到膝盖，可气象台发布的降雪量只有十几毫米，是播音员把单位搞错了吗？原来降雪量是指将 12 小时或者 24 小时内收集到的雪转化成等量的水的深度。气象观测者用一定标准的容器，将收集到的雪融化成水后测量出具体的量度。

雪量等级表

降雪量等级名称	12 小时降雪量（毫米）	24 小时降雪量（毫米）
零星小雪		>0.1
小雪	0.1—0.9	0.1—2.4
小雪——中雪		1.3—3.7
中雪	1.0—2.9	2.5—4.9
中雪——大雪		3.8—7.4
大雪	3.0—5.9	5.0—9.9
大雪——暴雪		7.5—14.9
暴雪	>6.0	>10

腌腊肉 民间有"冬腊风腌，蓄以御冬"的习俗。小雪后气温急剧下降，天气变得干燥，是加工腊肉的好时机。小雪节气后，一些农家开始动手做香肠、腊肉，将肉类用腌制、烘烤、日晒等方式储备起来，等到春节时正好享受美食。

晒香肠

吃糍粑 糍粑是用糯米蒸熟捣烂后所制成的一种食品，糍粑是南方地区传统的节日祭品。

有句人尽皆知的俗语说：下雪不冷化雪冷。我们常常这样解释这句俗语：水有三种状态：固态（冰）、液态（水）、气态（水蒸气）。快要下雪或已经下雪时，阳光被云层遮住，会使地面上的温度降低。但水蒸气在空中凝结时，会放出热量，所以这时我们往往不会感到太冷。

化雪时，白茫茫的雪把阳光射来的热量大部分反射回去，再加上化雪时要吸收周围的热量，所以化雪时往往感觉到比下雪时冷。

但是，也有人提出质疑，水蒸气只有在低于 0℃时才会凝结，所以下雪天的气温肯定是低于 0℃的。而雪融化成水需要在 0℃以上，所以化雪时的气温肯定在 0℃以上，即化雪天的气温高于下雪天，这句俗语不正确。

你支持哪种观点呢？可以和同伴们组成探究小组研究一下。

雪花是冬天千变万化的花，形状极多，每片雪花都是一幅极其精美的图案。除了下面的几种形状外，你还知道其他形状的雪花吗？用绘画、剪纸、照片等方式留住雪花最美的瞬间吧！

扫一扫，了解更多

诗词韵

别　董　大

（唐）高适

千里黄云白日曛，

北风吹雁雪纷纷。

莫愁前路无知己，

天下谁人不识君？

谚语楼

小雪封地，大雪封河。

小雪大雪不见雪，小麦大麦粒要瘪。

小雪不砍菜，必定有一害。

小雪雪满天，来年必丰年。

大雪

大雪时节，树叶凋零，百虫蛰伏，一场场鹅毛大雪为万物披上了银装，瑞雪兆丰年，白茫茫的大地孕育着丰收的希望。穿好冬装，让我们出门和雪孩子尽情玩耍吧！

知识窗

古人说大雪节气："大者，盛也，至此而雪盛也。"其意为，天气更加寒冷，雪量增大。这时我国大部分地区的最低温度都降到了0℃或以下。往往在强冷空气前沿冷暖空气交锋的地区，会降大雪，甚至暴雪。

今年的大雪是（　　）月（　　）日。

寒冷的冬季虽然少了红花绿柳，莺歌燕舞，大自然却给我们带来另一种珍贵的美景，这些美景只有在寒冷的环境下才会愈发瑰丽，我们一起欣赏吧！

雪　景

雪是水在空中凝结再落下的自然现象，是水在固态的一种形式。依据雪的形态，雪景可分为飘雪、积雪和风雪景观。

厚厚的积雪像是给农田盖了一层被子，为农作物起到保温作用，等到积雪融化，又可以滋润农田；下雪天，天气寒冷，农田里的害虫会被冻死。所以俗话说，"瑞雪兆丰年"。适时适量的冬雪预示着来年是个丰收年。

雪后乡村

雾　凇

雾凇岛

雾凇，又叫树挂，是一种附着于地面物体（如树枝、电线）迎风面上的白色或乳白色不透明冰层。气温过冷时，空气中的水蒸气碰到物体马上凝华成固态，结成雾凇层或雾凇沉积物。

观赏雾凇最有名的当属松花江下游的雾凇岛。因有江水环抱，冷热空气在这里相交，整个冬季几乎天天都有雾凇，成为大自然的奇观之一。

洋葱式穿衣法

冬天天气寒冷，人们一般认为穿得厚厚的才保暖，但这样限制了身体活动，而且进入到温暖的房间也不方便穿脱。冬季推荐洋葱式穿衣法，就像是洋葱一样穿着一层层的衣物，内层可选择材质柔软、透气且排汗功能良好的纯棉衣物，中层衣物保暖，最外层防水防风，这样可以达到既保暖又穿脱方便的效果。

漫天飞雪渐渐积累下来，成了一堆堆的白雪。堆雪人、打雪仗是孩子和大人们都非常喜爱的游戏，大家在雪地里玩得热火朝天，忘记了寒冷。用录视频、拍照、绘画等形式记录下你和大家一起在雪中玩耍的情景吧！

堆雪人

诗词韵

江　雪

（唐）柳宗元

千山鸟飞绝，

万径人踪灭。

孤舟蓑笠翁，

独钓寒江雪。

山中雪后

（清）郑燮

晨起开门雪满山，

雪晴云淡日光寒。

檐流未滴梅花冻，

一种清孤不等闲。

冬至

"一九二九不出手",从冬至数起九九歌,冬季最为寒冷的一个阶段开始了。冬天来了,春天还会远吗?更何况故乡的冬天也有其独特的美呢!

知识窗

冬至这天,太阳直射地面的位置到达一年的最南端,太阳几乎直射南回归线(又称为冬至线),阳光对北半球最为倾斜。因此,冬至日是北半球各地一年中白昼最短的一天,并且越往北白昼越短。从气候上看,冬至期间,西北高原平均气温普遍在 0℃ 以下,南方地区也只有 6℃ 至 8℃ 左右。

今年的冬至是（　）月（　）日。

民俗园

冬至，是中国农历中一个重要的节气，也是中华民族的一个传统节日，曾有"冬至大如年"的说法。民间的习俗，冬至与清明节一样重要，都要拜天祭祖。

冬至天气寒冷，许多地方都有驱寒的特色美食。

水　饺

在我国北方有"冬至饺子夏至面"的说法，饺子原名"娇耳"，相传是我国医圣张仲景发明的，距今已有1800多年的历史了。

水饺

东汉末年，名医张仲景见很多穷苦百姓忍饥受寒，耳朵都冻烂了，于是发明了"祛寒娇耳汤"，用羊肉、辣椒和一些祛寒药材在锅里熬煮，煮好后再把这些东西捞出来切碎，用面皮包成耳朵状的"娇耳"，下锅煮熟后分给百姓。人们吃下后浑身发热，两耳变暖，烂耳朵就好了。

此后，"祛寒娇耳汤"的故事一直在民间广为流传。每逢冬至和大年初一，人们就做饺子吃，表达对张仲景的感恩。所以，又有"冬至吃饺子，不会冻耳朵"的说法。

汤　圆

汤圆

冬至吃汤圆，在江南尤为盛行。有诗云："家家捣米做汤圆，知是明朝冬至天。"用糯米粉做成面团，里面包上精肉、芝麻、豆沙、萝卜丝等各种馅料，可以用来祭祖，也可用于馈赠亲朋。

你家冬至吃什么美食？和爸爸妈妈一起准备冬至的美食吧，可以拍成视频或照片和大家交流。

包饺子

我国古人很早就注意到物体在太阳光的照射下会投射出阴影。如果在地面上竖立一根竿子，地面上就会投出一条细长的影子，"立竿见影"的成语即出于此。后来，人们发现这条影子的长度和方向随着时间不断变化，而且变化是有规律的。根据观测，人们掌握了其中的规律，用来定方向、定时刻、定节气等，后来就发展出日晷、圭表等测量仪器。

人们用圭表确定节气，测得影子最短的那一天就是夏至日，影子最长的那一天就是冬至日。两个夏至日（或者两个冬至日）的时间间隔就是一年的时间，大概是 365 天多点。随着测量经验的增加，人们最终确立以测量冬至日影的长度来确定回归年。所以，冬至日在古代是一个重要的节日，很长一段时期被作为岁首，是祭天祀祖的重要日子。

故宫日晷

诗词韵

小岁日对酒吟钱湖州所寄诗

（唐）白居易

独酌无多兴，闲吟有所思。

一杯新岁酒，两句故人诗。

杨柳初黄日，髭须半白时。

蹉跎春气味，彼此老心知。

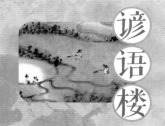

谐语楼

冬至晴，新年雨；冬至雨，新年晴。

冬至西北风，来年干一春。

冬至不冷，夏至不热。

天寒地冻，北风呼号，人们穿上厚厚的棉服匆匆行走，吸入的冷气呼出时瞬间变成"白气"。让我们科学防寒，迎接冬日的考验吧。

知识窗

　　冬至是北半球太阳光斜射最厉害的时候，那为什么最冷的节气不是冬至而是小寒到大寒呢？冬至过后，太阳光的直射点虽北移，但在其后的一段时间内，直射点仍然位于南半球，我国大部地区白天的热量收入还是抵不过夜间向外放热的散失，所以温度就会继续降低，直到收入和放出的热量趋于相等为止。这类似于一天中最高温度不是出现在中午而是在下午 2 点左右的原因。

今年的小寒是（　　）月（　　）日。

气象台

小寒之后，我国气候开始进入一年中最寒冷的时段。俗语说"小寒时处二三九，天寒地冻北风吼"，民间更有"小寒胜大寒"的说法。记录小寒前后气温的变化，你有什么发现？填好下面的表格，并根据表格绘制折线图。

日期	月日	月日	月日	月日	月日	月日	月日	月日	月日	月日	月日	月日	月日	月日
最高气温														
最低气温														
天气状况														

气温（℃）

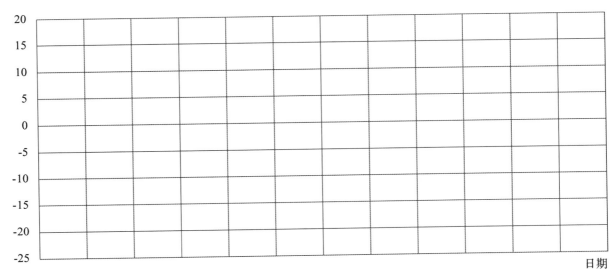

最高气温　　最低气温

日期

民俗园

九 九 歌

一九二九不出手；

三九四九冰上走；

五九六九沿河看柳；

七九河开八九燕来；

九九加一九，耕牛遍地走。

扫一扫，了解更多

九九消寒图

"九九消寒歌"，俗称"九九歌"，生动形象地记录了冬至到来年春分之间的气候、物候变化情况，同时也表述了农事活动的一些规律。数九寒天，就是从冬至算起，每九天算一"九"，一直数到"九九"八十一天，"九尽桃花开"，天气就暖和了。小寒正处在二九、三九之际，正是"冰上走"最冷的时节。

与"九九歌"相映成趣的是民间广为流传的"九九消寒图"，也称"九九图"。它们既是计算时间的日历，又是精美的装饰品。因此，中国民间还有贴绘"九九消寒图"的习俗，图上画有九朵梅花，每过完"一九"就将一朵梅花涂色。

进入小寒，我们立刻感到了寒气逼人，似乎到了一年中最冷的时候。做好防寒保暖就非常有必要了，下面分享一些妙招。

健康帖

1. 不要穿过多过紧衣物，选择轻而保暖的羽绒服或能抵挡寒风的皮衣。

2. 外出要护好头部、手脚，尽量佩戴手套、帽子和围巾。

3. 多喝白开水，有助于调节体温，促进血液循环。

4. 适当进行运动锻炼，避开早晚寒冷时段。

诗词韵

小　寒

（唐）元稹

小寒连大吕，欢鹊垒新巢。

拾食寻河曲，衔紫绕树梢。

霜鹰近北首，雏雉隐丛茅。

莫怪严凝切，春冬正月交。

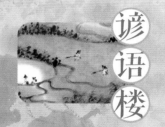

谚语楼

小寒大寒，冻成一团。

腊月三场白，来年收小麦。

小寒时处二三九，天寒地冻北风吼。

小寒无雨，小暑必旱。

寒冬腊月，寒风刺骨，漫长的冬季使人感到沉闷、了无生机，但是，对归家团圆、欢度佳节的期盼，又让人倍感温暖，满怀希望。

大寒是二十四节气中最后一个节气，同小寒一样，大寒也是表示天气寒冷程度的节气。

在我国部分地区，大寒不如小寒冷，但是，在某些年份和沿海少数地方，全年最低气温仍然会出现在大寒节气内。大寒时节，中国南方大部分地区平均气温多为 6℃至 8℃，比小寒高出近 1℃。

今年的大寒是（　　）月（　　）日。

实践角

大寒是二十四节气的最后一个节气。这时寒潮南下频繁，是中国大部分地区一年中最冷的时期，风大，低温，地面积雪不化，呈现出冰天雪地、天寒地冻的严寒景象。

我们在生活、生产上应该特别注意及早采取一些防寒防冻的措施，比如用海绵包住自来水管、给汽车加防冻液、为蔬菜搭建大棚。

你还有什么防寒防冻妙招吗？

汽车加防冻液

腊 八 节

腊八节，俗称"腊八"，即农历十二月初八，古人有祭祀祖先和神灵、祈求丰收吉祥的传统，一些地区有喝腊八粥的习俗。不同地区腊八粥的用料虽有不同，但基本上都包括大米、小米、糯米、高粱米、紫米、薏米等谷类，黄豆、红豆、绿豆、芸豆、豇豆等豆类，红枣、花生、莲子、枸杞子、栗子、核桃仁、杏仁、桂圆、葡萄干、白果等干果。腊八节一过，春节就快到了，所以有民谚"过了腊八就是年"，人们开始为过年做准备了。

腊八粥

扫一扫，了解更多

置办年货

过了腊八就是年。快过年了，置办年货成为家家户户的头等大事，为过一个红红火火、开开心心的年做好准备。在农村，过年前会有定时的集市，供顾客挑选货品；在城市，超市商场也会特地提供节日所需的商品。现在，很多家庭还会选择在电商平台置办年货。年货是过年时衣食住行、吃喝玩乐各个方面的物品的统称。比如，家里人都要购置一身新衣服，穿新衣迎新年；准备丰盛的年夜饭，全家团团圆圆过大年；购买春联、春花、灯笼等喜庆物品，年味儿十足。

购买年货

有顺口溜说：

小孩小孩你别馋，过了腊八就是年，

腊八粥，喝几天，哩哩啦啦二十三，

二十三、糖瓜黏，二十四、扫房子，

二十五、炸豆腐，二十六、炖羊肉，

二十七、杀公鸡，二十八、把面发，

二十九、蒸馒头，三十晚上熬一宿，

大年初一扭一扭。

顺口溜生动地反映了以前人们准备食品、打扫房间、迎接春节的风俗。你家过年会准备什么年货？说出来和同伴们交流一下。

诗词韵

冬日田园杂兴

（宋）范成大

放船闲看雪山晴，

风定奇寒晚更凝。

坐听一篙珠玉碎，

不知湖面已成冰。

谚语楼

小寒大寒，杀猪过年。

年好过，春难熬，盘算好了难不着。

大寒白雪定丰年。

五九、六九，沿河看柳。

冻不死的蒜，干不死的葱。

后　记

　　我们多年来致力于中华优秀传统文化的教学与研究，尤其注目于二十四节气校本课程的开发与实践。2016 年 11 月，欣闻我国申报的"二十四节气——中国人通过观察太阳周年运动而形成的时间知识体系及其实践"被列入联合国教科文组织人类非物质文化遗产代表作名录。

　　"跟着太阳走一年——二十四节气与民俗文化"校本课程旨在让青少年一代更亲近大自然，感悟生态文明，了解自然界万事万物的生长变化规律，领悟中华民族优秀传统文化中蕴含的智慧和优秀品质。本教材适合学校拓展型、探究型课程选用，也适用于主题综合实践课程及劳动教育的开展。我校全体教师以传承弘扬中华优秀传统文化的热情投入到本教材的编写工作中，杨会宝、张洁、瞿晓洪、任雯、孙颖、陈旭雯、姜蓓蕾、谢俊、严蓓等老师积极策划，周敏、朱小虹、耿敬平、李荣珍、乐岚、曹蕾赪、姚芳、王君萍、史东美、李海琳、洪剑霞、李泳、叶渊、雍爱萍、乐科宇、周添顺等老师认真参与编写与课堂实践工作。他们的工作使得本教材更加贴近小学生生活实际、认知水平，专业严谨之余不失活泼生动。

　　本课程成为杨浦区区域共享课程，开发过程中我们得到了杨浦区教师进修学院科研室、师训部，杨浦区青少年科技站、上海理工大学附属小学教育集团的大力支持，更是得到了周若新、贺红霞等专家的悉心指导。

　　值此教材出版之际，向各位的倾情付出一并表示感谢，向每一位致力于传承祖国优秀传统文化的同行致敬。

《跟着太阳走一年——二十四节气与民俗文化》编委会

图书在版编目（CIP）数据

跟着太阳走一年 : 二十四节气与民俗文化 / 杨会宝主编. –– 上海
: 上海教育出版社, 2018.6

ISBN 978-7-5444-8478-7

Ⅰ.①跟… Ⅱ.①杨… Ⅲ.①二十四节气—风俗习惯—青少年读
物 Ⅳ.①P462-49②K892.18-49

中国版本图书馆CIP数据核字(2018)第132241号

责任编辑　戴燕玲　邹　南
封面设计　黄　琛

跟着太阳走一年
　　——二十四节气与民俗文化
杨会宝　著

出版发行　上海教育出版社有限公司
官　　网　www.seph.com.cn
地　　址　上海市永福路123号
邮　　编　200031
印　　刷　上海昌鑫龙印务有限公司
开　　本　899×1194　1/16　印张 7
字　　数　126 千字
版　　次　2018年8月第1版
印　　次　2018年8月第1次印刷
书　　号　ISBN 978-7-5444-8478-7/G·7019
定　　价　48.00 元

如发现质量问题，读者可向本社调换　电话：021-64377165